上海市工程建设规范

建筑物、构筑物拆除技术标准

Standard for demolishing construction

DGJ 08—70—2021
J 12367—2021

主编单位：上海市房屋管理局
　　　　　上海市房屋安全监察所
　　　　　上海市建设安全协会
批准部门：上海市住房和城乡建设管理委员会
施行日期：2021 年 12 月 1 日

同济大学出版社

2021　上海

图书在版编目(CIP)数据

建筑物、构筑物拆除技术标准 / 上海市房屋管理局，
上海市房屋安全监察所，上海市建设安全协会主编. —
上海：同济大学出版社，2021.10
　ISBN 978-7-5608-8934-4

　Ⅰ.①建… Ⅱ.①上… ②上… ③上… Ⅲ.①建筑物
－拆除－技术标准－上海 Ⅳ.①TU746.5-65

　中国版本图书馆 CIP 数据核字(2021)第 184489 号

建筑物、构筑物拆除技术标准

上海市房屋管理局
上海市房屋安全监察所　主编
上海市建设安全协会

策划编辑　张平官
责任编辑　朱　勇
责任校对　徐春莲
封面设计　陈益平

出版发行　同济大学出版社　　www.tongjipress.com.cn
　　　　　（地址：上海市四平路 1239 号　邮编：200092　电话：021－65985622）
经　　销　全国各地新华书店
印　　刷　浦江求真印务有限公司
开　　本　889mm×1194mm　1/32
印　　张　2.25
字　　数　60 000
版　　次　2021 年 10 月第 1 版　　2021 年 10 月第 1 次印刷
书　　号　ISBN 978-7-5608-8934-4
定　　价　25.00 元

上海市住房和城乡建设管理委员会文件

沪建标定〔2021〕390 号

上海市住房和城乡建设管理委员会
关于批准《建筑物、构筑物拆除技术标准》
为上海市工程建设规范的通知

各有关单位：

由上海市房屋管理局、上海市房屋安全监察所和上海市建设安全协会主编的《建筑物、构筑物拆除技术标准》，经我委审核，并报住房和城乡建设部同意备案（备案号为 J 12367—2021），现批准为上海市工程建设规范，统一编号为 DGJ 08—70—2021，自 2021 年 12 月 1 日起实施。其中第 7.0.2、7.0.11、8.0.14 条为强制性条文。原《建筑物、构筑物拆除规程》DGJ 08—70—2013 同时废止。

本规范由上海市住房和城乡建设管理委员会负责管理，上海市房屋管理局负责解释。

特此通知。

上海市住房和城乡建设管理委员会
二○二一年六月二十一日

前　言

根据上海市住房和城乡建设管理委员会《关于印发〈2018 年上海市工程建设规范和标准设计编制计划〉的通知》(沪建标定〔2017〕898 号)的要求,由上海市房屋管理局、上海市房屋安全监察所、上海市建设安全协会会同有关单位开展编制工作,并由同济大学对保护性拆解及资源化利用等方面进行了工艺研究和技术总结。标准编制组经广泛调查分析,开展了各类专题研究,总结实践经验,并参照国内外相关标准和规范,在反复征求意见的基础上,制定本标准。

本标准的主要内容有:总则;术语;基本规定;施工组织设计;技术论证;机械拆除;人工拆除;爆破拆除;保护性拆解;文明施工;资源化利用。

本次标准修订的主要内容有:

1. 增加部分

(1)增加"保护性拆解""文明施工""资源化利用"章节;

(2)增加"保护性拆解""资源化利用"术语解释;

(3)增加"高层建筑物切割拆除"条款;

(4)增加"ZX450-型液压剪刀机作业立面示意图"与"人工采用风镐与倒链拆除立柱作业立面示意图";

(5)增加"机械拆除钢结构"中的剪断钢梁的技术条款;

(6)增加"施工组织设计专家论证"中的环境效益论证。

2. 修改部分

(1)将原规程中的 3.0.4(9),3.0.17,6.0.5,7.0.5,7.0.10,7.0.15等 6 条强制性条文降为一般性条文;

(2)对原规程中的 6.0.2,6.0.12,8.0.14 等 3 条强制性条文进行修订；

（3）将"机械拆除"章节调整为第 6 章，"人工拆除"章节调整为第 7 章；

（4）将原规程"一般规定"章节更名为"基本规定"；

（5）对总则 1.0.1 中标准制定目标进行修订；

（6）对拆除工程的"围挡设置"要求进行修订；

（7）对施工组织设计中的"平面布置图"内容进行修订；

（8）对"技术论证"的参会人员进行修订；

（9）对机械拆除施工顺序进行修订；

（10）对"爆破拆除"的技术设计进行修订。

本标准中以黑体字标志的条文为强制性条文，必须严格执行。

各单位及相关人员在执行本标准过程中，如有意见和建议，请反馈至上海市房屋管理局（地址：上海市世博村路 300 号；邮编：200125；E-mail：genxinchu@126.com），上海市房屋安全监察所（地址：上海市北京西路 95 号 21 楼 2117 室；邮编：200003；E-mail：chaifangban@126.com），上海市建筑建材业市场管理总站（地址：上海市小木桥路 683 号；邮编：200032；E-mail：shgcbz@163.com），以供今后修订时参考。

主 编 单 位：上海市房屋管理局

上海市房屋安全监察所

上海市建设安全协会

参 编 单 位：同济大学

上海凌锐建设发展有限公司

上海消防技术工程有限公司

上海同炬爆破工程有限公司

上海虹口民防机械施工有限公司

上海瀛陈建设工程有限公司

上海辰丞建设工程有限公司

主要起草人员：黄永平　陆锦标　冷玉英　李宜宏　蔡乐刚
　　　　　　　李文悦　肖建庄　毕焰伯　许月根　邱建明
　　　　　　　邵晓昺　刘文广　王天寿　朱弘光　张　毅
　　　　　　　余纪昌　胡　伟　何　军　张佳兴　杨　彬
　　　　　　　丁　陶　夏　冰
主要审查人员：陶为农　高振峰　龙莉波　吴水根　陈中伟
　　　　　　　吴国忠　李岩松

上海市建筑建材业市场管理总站

目　次

Contents

1 总　则

1.0.1 为贯彻国家和本市安全生产的方针、政策、法规和规定,规范建筑物、构筑物拆除工程施工作业安全行为,保障从业人员和人民群众生命、财产安全,促进行业可持续、高质量发展,制定本标准。

1.0.2 本标准适用于本市工业与民用建筑物、构筑物及其附属设施的拆除工程。

1.0.3 建筑物、构筑物拆除应符合本标准外,尚应符合国家、行业和本市现行相关标准的规定。

2 术　语

2.0.1　拆除工程　demolition engineering

对已建成或部分建成的建筑物、构筑物实施整体或局部拆除的施工项目。

2.0.2　人工拆除　manpower demolition

依靠人力或使用风镐、切割器具等工具，对建筑物、构筑物进行解体和破碎的一种施工方法。

2.0.3　机械拆除　machine demolition

使用液压挖掘机及液压破碎锤、液压夹钳机、液压剪、起重机等大中型机械，对建筑物、构筑物进行解体和破碎的一种施工方法。

2.0.4　爆破拆除　blasting demolition

利用炸药的爆炸能量对建筑物、构筑物进行解体和破碎的一种施工方法。

2.0.5　保护性拆解　protective deconstruction

维持原有整体或局部建筑结构的完整性，将不同类型建筑构配件拆卸分离，获取损伤程度较小建筑构配件的施工方法。

2.0.6　重点区域　key area

指外环线以内区域和市人民政府确定的其他重要区域。

2.0.7　建筑垃圾　construction and demolition waste

在拆除各类建筑物、构筑物过程中所产生的弃土、弃料及其他废弃物。

2.0.8　施工扬尘　construction dust

在建筑物、构筑物拆除过程中产生对大气造成污染的粉尘颗粒物。

2.0.9 施工组织设计 construction organization design

以施工项目为对象编制的,用以指导施工的技术、经济和管理的综合性文件。

2.0.10 技术论证 technical feasibility study

组织专家对技术方案进行分析、计算、比较,确定拆除施工方法的科学性、合理性、安全性和拆除施工技术、文明施工措施的有效性、严密性的论证程序。

2.0.11 安全绳 safety rope

在高空作业时用于保护人员和物品安全的绳索,一般为合成纤维绳、麻绳或钢丝绳。

2.0.12 爆破作业人员 personals engaged in blasting operations

从事爆破作业的工程技术人员、爆破员、安全员、保管员等。

2.0.13 爆破振动 blast vibration

爆破引起介质特定质点沿其平衡位置作直线或曲线的往复运动过程。

2.0.14 资源化利用 reclaimation and reutilization

将拆除后建筑构件与材料再次利用。

3 基本规定

3.0.1 拆除工程施工企业的从业人员应经过拆除行业专业技能培训、考核,合格后方可持证上岗。

3.0.2 拆除工程施工及所使用的工具、设备、易燃易爆物品、爆破器材、电气装置、登高设施等应符合本标准要求。

3.0.3 拆除工程应建立拆除后构件与材料可循环利用模式,拆除施工应采用低噪声、低能耗、低污染的安全绿色拆除技术。

3.0.4 拆除工程施工企业应根据本标准和拆除工程的特点,制定本企业的拆除工程施工安全、技术管理手册。

3.0.5 拆除工程施工企业、拆除工地应制定应急救援预案,建立应急救援组织,并配备排险、救灾的设备和工具。

3.0.6 拆除工程施工前,拆除工程施工企业的项目负责人和技术人员应根据实际情况编制拆除工程施工组织设计;施工中,应严格按拆除工程施工组织设计组织实施,不得擅自变更。当现场条件与设计工况明显不符,影响施工安全时,应立即停止施工,并查明原因、采取措施。

3.0.7 拆除工程施工现场应符合下列规定:

   1 施工人员进入施工现场应戴好安全帽、扣紧帽带;登高作业时应系好安全带,安全带应高挂低用,挂点牢固可靠。

   2 施工现场危险区域应设立警戒隔离带等隔离设施,设置醒目的安全警示标志,并设专人警戒;除规定的作业人员外,其他人员不得进入施工现场。

   3 施工区域毗邻道路、建筑时,应搭设脚手架等安全防护设施,必要时应设置防护隔离棚。

   4 拆除作业时,作业点应有专人监管、监护,并做好记录。

5 拆除工程施工现场应配备消防设施和灭火器材,设立消防通道;对易燃易爆物品应采取相应的防火、防爆措施。

6 施工现场作业区内的洞口、临边等处,应设置安全防护设施和安全警示标志,高处作业还应符合现行行业标准《建筑施工高处作业安全技术规范》JGJ 80 的要求。

7 施工企业未经区环保部门审批的,不得夜间施工。

8 施工现场的办公、生活区应与作业区、易燃易爆物品临时堆放点分开设置;氧气、乙炔气瓶、油漆稀料等危险品仓库应设置在距离施工场地、生活办公区 25 m 之外。

9 建筑物、构筑物局部拆除应保留部分结构的完整和稳定;影响结构安全的,应遵循先加固、再分离、而后拆除的原则。

3.0.8 拆除工程施工现场作业通道的设置应符合下列规定:

1 平面通道宽度和高度应满足运输工具、施工人员通行的需要。

2 上、下通道宜利用原建筑通道,无法利用原通道的,应搭设临时施工通道。

3.0.9 临时用电设施应符合现行行业标准《施工现场临时用电安全技术规范》JGJ 46 的规定。

3.0.10 拆除工程施工作业前和拆除过程中,项目技术负责人应对参加作业的人员进行详细的技术交底;技术交底的主要内容应包括拆除技术要求、作业危险点与安全措施;每次技术交底应有书面记录,并应由交底人和被交底人双方签字确认。

3.0.11 拆除工程应在其拆除区域的外围设置围挡,并应符合下列规定:

1 对于单体建筑物、构物的拆除,应在其单体建筑物、构筑物的外围设置封闭围挡。

2 房屋征收基地的拆除工程,应根据征收进度和拆除工程施工相关规范、规定,具备设置围挡封闭条件的,应在其外围设置封闭围挡;凡实施作业的区域,应设立封闭围挡。

3 重点区域、商业繁华区域、人口密集区域的拆除工程,其围挡设置可参照相关规定的要求。

4 围挡高度和材料应符合现行上海市工程建设规范《文明施工标准》DG/TJ 08—2102 的规定。

3.0.12 脚手架搭设应符合下列规定:

1 脚手架材料应选用金属管材;如遇高压线,应制定专项方案。

2 搭设应符合现行行业标准《建筑施工扣件式钢管脚手架安全技术规范》JGJ 130 和现行上海市工程建设规范《悬挑式脚手架安全技术标准》DG/TJ 08—2002 的规定,高度应超过建筑物檐口 1.5 m。

3 应使用密目式安全网对脚手架的外立面进行封闭围护或包裹。

4 高压电线危险距离内禁止使用金属脚手架。

3.0.13 拆除施工影响范围内建筑物、构筑物及管线的保护应符合下列规定:

1 对毗邻的建筑物、构筑物应事先检查、取证,采取必要的安全防护措施。

2 相邻管线应经管线管理单位采取切断、移位措施,或落实防护措施后,方可进行拆除工程施工。

3 当被拆除建筑物、构筑物的高度超过相邻电力、电讯等管线高度,在拆除超过部分的建筑物、构筑物时,应采取严密的防护措施。

4 拆除施工应实施全过程动态监护,遇到特殊情况或发生管线损坏时,应及时报告有关部门,并配合做好抢修工作。

3.0.14 特殊管道和容器的拆除,应先查清该管道、容器中介质的化学性质,对影响施工安全的,由专业单位采取排空、中和、清洗等措施。

3.0.15 木结构、砖木结构、砖混结构等居民住宅的拆除宜采取整幢整排拆除。

3.0.16 拆除工程完工后,施工单位应向建设单位提交竣工验收报告,建设单位应组织施工、监理等单位和有关方面的专业人员按合同要求进行竣工验收。

3.0.17 当遇到风力大于5级、大雾、雨雪等恶劣天气时,应停止室外拆除和清除作业。

3.0.18 拆除工程施工期间遇到汛期,应制定汛期及强暴雨天气时工地内的排水预案,并向所在区拆房管理部门备案。

4 施工组织设计

4.0.1 编制施工组织设计应具备下列资料：

1 建筑物、构筑物的图纸和相关资料。

2 施工现场及毗邻区域内供水、排水、供电、供气、供热、通信、广播电视等地上、地下管线资料；相邻建筑物和构筑物、地下工程的有关资料。

3 勘查施工现场所获得的详细资料与信息应包括下列内容：

1）主体结构的变动及损坏情况；

2）拆除物的特殊性和隐蔽性，包括地上、地下管线分布等；

3）部分杆件、构件或节点的勘查情况；

4）拆除承包范围内和周边保留、保护建筑情况。

4.0.2 施工组织设计应包括下列内容：

1 编制依据。

2 拆除工程的概况及特点，其内容应包括：

1）拆除工程的名称、地理位置、承包范围；

2）拆除物的类型、结构、面积、高度和层数；

3）水、电、燃气、通信等管线分布情况；

4）周边建筑、道路、环境情况；

5）拆除工程施工的特点、难点和危险点。

3 拆除工程施工现场平面布置图，其内容应包括：

1）现场待拆建筑物、构筑物和周边建筑、道路的布置；

2）建筑物编号、结构、高度；

3）隔离和防护设施的布置；

4）施工作业方向、拆除控制方向；

5）临时用水、电设施位置；

6）现场办公、生活区域位置；

7）回收材料的堆放位置；

8）氧、乙炔瓶等易燃、易爆物品临时堆放点；

9）需保留、保护的管线、设施、建筑等位置；

10）拆除区域内的主要通道和出入口。

4 拆除方案内容应包括：

1）整体拆除方法、工艺流程；

2）整个拆除区域建筑物、构筑物的拆除施工顺序,单体结构的解体顺序,宜结合工程图、表等形式进行辅助说明；

3）高层建筑拆除、脚手架工程、起重吊装及起重机械安装拆卸等项目的技术验算。

5 施工组织管理网络,其内容应包括：

1）建立由项目负责人为主要责任人的施工管理网络；

2）配备相应专业的技术人员和专职安全员。

6 施工进度计划及劳动力安排,其内容应包括：

1）施工进度计划应按照施工顺序进行编制,施工进度计划表宜采用网络图或横道图表示；

2）施工进度保证措施；

3）劳动力需用量。

7 机械设备需用量计划,其内容应包括：

1）各种机械设备的名称、型号、作业有效高度和各种料具的品种、规格和数量；

2）设备、料具的进退场日期及作业计划；

3）专用设备的定机定人名单。

8 拆除工程施工、安全技术、文明施工措施,其内容应包括：

1）施工技术和安全技术交底措施；

2）拆除物涉及区域地上、地下设施的安全防护技术措施；

3）周边环境和道路的防护隔离措施；

4）控制施工噪声、扬尘污染、垃圾分类处置的措施；

5）施工机械设备、临时用电、拆除物堆场、易燃易爆物品的安全、卫生和防火措施；

6）脚手架及防护隔离棚，搭设、使用与拆除的安全措施；

7）需保留、保护的建筑或设施的安全防护措施；

8）季节性施工保证措施。

9 应急预案，其内容应包括：

1）应急救援组织机构、人员、联系方式，并明确相关职责和权限；

2）可能发生的事故类型，制定应急处置响应措施；

3）应急物资和设备保障措施。

10 专项施工方案、相关计算书及图纸。

4.0.3 施工组织设计应由项目负责人组织有关人员编制，企业技术负责人审定；施工组织设计应实行动态管理，施工过程中有重大调整或变更的，应及时修改或补充完善，并由企业技术负责人重新审定、批准。

5 技术论证

5.0.1 当有下列情况之一时,拆除工程施工组织设计应通过专家论证:

1 拆除工程在市区、中心城镇主要路段或临近公共场所等人流稠密的地方,影响行人、交通和其他建筑物、构筑物安全。

2 拆除的建筑物、构筑物体量大、结构复杂、拆除难度大。

3 拆除区域在文物保护建筑、优秀历史建筑或历史文化风貌区影响范围内。

4 拆除区域临近地下公共管线、构筑物,或处于隧道、桥梁以及重要河道、轨道交通保护范围内。

5 高层建筑、码头、烟囱、水塔或有毒有害、易燃易爆等有其他特殊安全要求的拆除工程,或采用新技术、特殊施工作业方法。

6 因环境不允许采用爆破、机械拆除,必须采用人工拆除方法。

7 当待拆建筑选用保护性拆解方法时,宜通过价值与性能评估。

8 应企业要求需要论证。

5.0.2 技术论证小组应由相关专业专家组成。技术论证专家不得少于 5 名,专家论证会参会人员应包括专家组成员、建设单位负责人或技术负责人、监理单位项目总监或总监代表、施工单位技术负责人或委托人、项目负责人、项目技术负责人、项目专职安全生产管理人员及施工组织设计编制人员等。

5.0.3 技术论证时应由建设单位或委托单位会同拆除施工企业提供下列资料:

1 经有关行政管理部门批准的建设项目文件。

2 拆除工程施工企业的资质证明。

3 拆除工程施工合同及安全管理协议。

4 经企业技术负责人审定的拆除工程施工组织设计文件。

5 拆除工程项目负责人、技术负责人、安全管理人员名单和有效证件。

5.0.4 技术论证的重点应符合下列规定：

1 施工组织设计内容应完整、可行。

2 拆除工程施工方法应具有针对性、合理性和安全性。

3 拆除工程施工安全技术、文明施工措施、资源化路径应具备有效性和严密性。

4 验算依据、计算书和相关图纸应符合有关标准规范。

5.0.5 技术论证应形成书面论证报告，报告中结论应分为可行和不可行。当结论可行时，如有专家提出整改类意见，施工单位应予以完善，由企业技术负责人审批，报专家组组长复核后，作为拆除工程施工单位开工报监材料之一；当结论为不可行时，施工单位应重新编制施工组织设计后，再次组织专家论证。

6 机械拆除

6.0.1 拆除机械应具有产品合格证及有关技术主管部门对该机械检验合格的证明。应按机械操作人员手册的要求和现行行业标准《建筑机械使用安全技术规程》JGJ 33 有关规定正确使用拆除机械,并进行日常保养、定期保养、维护和维修,确保机械完好、使用安全。

6.0.2 拆除机械使用前或交接使用时,应对各种安全防护装置、监测、报警装置、升降、变幅、旋转、移动等系统进行调试检查,机械各项性能应安全、完好,方可使用或交接。

6.0.3 拆除工程施工现场应具备机械作业的道路、水电、停机场地等必备条件,夜间作业应设置充足的照明灯光;强光照明灯应配有防眩光罩,照明光束应俯射施工作业面,照明灯光不得直射敏感建筑物。

6.0.4 应根据建筑物、构筑物的高度选择拆除机械,不得超越机械性能进行作业。

6.0.5 机械设备在作业时,与架空线应保持安全距离;遇有地下管线时,应垫铺路基箱或钢板保护体。

6.0.6 机械行走应严格执行机械操作手册的有关规定;操作机械时,作业人员不得站立驾驶,他人不得进入机械操作室,操作室前方宜安装行车记录仪;机械作业人员应持证上岗,不得将机械交给无证人员操作;多班作业时,应严格执行交接制度。

6.0.7 机械作业人员应按照机械操作手册的要求和现行行业标准《建筑机械使用安全技术规程》JGJ 33 的规定进行操作;拆除机械前端作业平面的工作范围应为左、右各 40°。

6.0.8 为提高拆除机械的作业高度,可用渣土铺设坡道和作业平

台,坡道和作业平台应符合下列规定:

    1 坡道前后的坡度应在机械操作手册规定的范围以内。

    2 坡道的最高点不得高于 3 m。

    3 坡道坡面的宽度不得小于拆除机械机身两履带间宽度的 1.5 倍。

    4 坡道两侧的坡度不得大于 45°。

    5 坡道、作业平台应使用机械填平、压实,不得在未经填平压实的渣土堆上作业。

    6 作业平台的大小应满足拆除机械操作、调头、换位和危险时撤离的需要。

    7 拆除机械不得横穿斜坡或在斜坡上转换方向。

6.0.9 拆除机械不得在无保护措施的地下管线的地面上作业,在距地下管线两侧 1 m 范围内不得使用机械开挖。

6.0.10 拆除机械不得在架空预制楼板上作业。在现浇楼板上作业时,应由专业技术人员计算楼板的承载能力;当承载能力不足时,应采取有效的加固措施保证拆除机械作业安全。

6.0.11 机械翻渣时,铲斗与保留的建筑物墙体的距离不得小于 2 m,作业时机身的中心位置距离保留建筑物墙体不得小于 4 m。

6.0.12 机械拆除作业时,现场应有专人指挥;拆除建筑物、构筑物时,应确保未拆除部分结构的完整和稳定;机械操作人员以外的其他人员不得进入机械作业范围。

6.0.13 多台拆除机械作业时,不得上下、立体交叉作业;拆除机械作业与停放时,应置于被拆除物有倒塌可能的范围以外;两台拆除机械平行作业时,两机的间距不得小于拆除机械有效操作半径的 2 倍。

6.0.14 在机械拆除工程施工过程中需要人工拆除配合时,严禁人、机上下交叉作业,并应符合人工拆除工程施工的规定。

6.0.15 机械拆除应自上而下、逐段、逐跨、逐层进行,不得数层整体拆除;拆至边跨时,应采用控制拆除结构方向等措施,防止结构失稳。

6.0.16 机械拆除应按照下列步骤顺序进行：

1 建筑物外墙上的附属物、外挑结构等。

2 屋面水箱。

3 屋面板。

4 墙体。

5 次梁、主梁、立柱。

6 清理下层楼面后，重复 3～5 的步骤顺序。

6.0.17 机械拆除砖木结构顺序应符合下列规定：

1 拆除外设管道和外挑构件。

2 采用拆除机械自上而下，逐间、逐跨拆除。

6.0.18 机械拆除砖混结构顺序应符合下列规定：

1 拆除屋顶水箱、电梯机房、外设管道、门窗和外挑构件。

2 自上而下、逐层、逐跨拆除屋面板或楼板和墙体、构造柱。

3 使用高度相匹配的拆除机械进行阶梯式拆除。

6.0.19 机械拆除框架结构顺序应符合下列规定：

1 拆除屋顶水箱、电梯机房、外设管道、门窗和外挑构件等。

2 使用高度相匹配的拆除机械自上而下拆除外墙。

3 自上而下、逐层、逐跨拆除楼板、次梁、主梁和立柱。

4 采用液压剪刀机施工的，可自下而上、逐层、逐跨拆除非承重的墙体、楼板和次梁，但立柱和承重梁应自上而下、逐层阶梯式拆除。

6.0.20 机械拆除钢结构顺序应符合下列规定：

1 拆除屋顶上附属设施、水箱、外设管道、门窗和外挑构件等。

2 液压剪刀机自上而下拆除钢结构屋面构件和外墙。

3 液压剪刀机自上而下、逐层、逐跨拆除压型钢楼板或屋面板、钢次梁、钢主梁和钢立柱；钢梁应先剪断钢梁上翼缘板，再剪断梁腹板，最后剪断下翼缘板，钢结构柱间支撑最后拆除。

6.0.21 机械拆除高层框架或框剪结构建筑物，可将拆除机械吊至屋面,自上而下、逐层进行拆除;施工前,应对屋面板或楼板结构的承载能力及其加固措施、选用的拆除机械、机械的起吊方法、用电设备、脚手架、旧材料和建筑垃圾的水平和垂直运输、拆除工程施工顺序、安全文明措施等内容编制施工组织设计。其中,拆除顺序应符合下列规定:

1 搭设全封闭钢管脚手架,脚手架应超过檐口高度 1.5 m;搭设脚手架应符合现行行业标准《建筑施工扣件式钢管脚手架安全技术规范》JGJ 130 和现行上海市工程建设规范《悬挑式脚手架安全技术标准》DG/TJ 08—2002 的规定。

2 人工配合拆除门窗、装饰物、广告牌等。

3 根据本标准第 6.0.10 条的规定,对屋面板或楼板承载能力进行计算;当承载能力不足时,应进行支撑加固,并铺设钢走道板。

4 根据起吊方案,用起重机械、机具将拆除机械吊至屋面。

5 使用拆除机械逐间、逐跨破碎拆除屋面板或楼板,待有足够的渣土堆在下一层楼面后,拆除机械沿坡道行驶到下一层,然后逐间、逐跨拆除内隔墙、内剪力墙、上一层楼面板、梁、柱,并采取缓冲减震措施,防止材料散落;拆除外墙和电梯井道时,宜保留1.2 m 以上高度的墙体作为围栏,待拆除机械转入下一层楼面后一并拆除。

6 搭设焊接钢结构出渣门洞架,做好垃圾从电梯井道高处下落到底层垃圾出口的防飞溅措施,并及时清理散落到楼面及脚手架上的建筑垃圾,按照运输方案运送至底层。

7 脚手架应与建筑物同步拆除;脚手架的保留部分应高出未拆除建筑物 1.5 m。

6.0.22 起重机起吊建筑物、构筑物构件顺序应符合下列规定:

1 作业前,对施工现场环境、行驶道路、架空电线、地下管线、拆除建筑物、构筑物的结构和构件重量等情况进行查勘,并就起吊拆除构件的顺序、拆除构件的堆放和清运、安全技术措施等内容编制施工组织设计。

2 计算被起吊拆除构件重量、高度。

3 按照起重机的性能表,选配起重机。

4 选用的钢丝绳、卸扣以及起吊绳索与拆除构件水平面的夹角,应按相关规定先进行计算。

5 起重机起吊拆除构件时,应先用绳索绑扎被拆除构件,待起重机吊稳后,方可进行气割、切割作业;吊运过程中,应采用辅助绳索控制被吊构件处于正常状态。

6 使用起重机双机抬吊拆除构件时,应选用起重性能相似的起重机;双机抬吊拆除构件应有专职起吊指挥人员统一指挥,保持两台起重机的起吊速度同步,吊装的构件质量应控制在起重机械起重量的 80% 内。

6.0.23 拆除地下工程、深基础时,应采取放坡或其他稳定土层的措施;对施工周边的建筑及管线进行监测;排出地下水应采取集水井等措施;建筑垃圾应及时清理;地下空间应及时回填,采取保证基坑边坡及周边建筑物、构筑物安全稳定的措施。

7 人工拆除

7.0.1 人工拆除适用于辅助作业或因环境、结构等原因不允许采用爆破、机械拆除的情况。

7.0.2 人工拆除作业必须自上而下、逐层、逐个构件、杆件进行；屋檐、外楼梯、挑阳台、雨篷、外设管道和广告牌等在拆除施工中容易失稳的外挑构件必须先行拆除；栏杆、楼梯、楼板等构件拆除必须与结构整体拆除同步进行，严禁先行拆除；承重的墙、梁、柱，必须在其所承载的全部构件拆除后再进行拆除；严禁垂直交叉作业。

7.0.3 对于拆除物檐口高度大于 2 m 或屋面坡度大于 25°的拆除工程，应搭设施工脚手架、临时支撑结构等，大于 5 m 的登高作业宜设置固定操作平台。

7.0.4 作业人员应站在脚手架、脚手板或其他稳固的结构或部位上操作，不得站在墙体、挑梁、不上人的轻质屋面以及正在拆除的构件等不稳固、危险的构件上作业。

7.0.5 拆除工程施工、材料回收、建筑垃圾清理时不得高空抛物，并应符合下列规定：

　　1 拆卸下的材料、构件、杆件等，应由垂直运输设备或在流放槽中卸下，或通过楼梯搬运到地面。

　　2 建筑垃圾可通过原电梯井道或设置的垃圾井道卸下，在楼板上开设的垃圾井道，洞口长边尺寸应小于 1.2 m，且洞口边缘下部应有梁或墙支撑以确保洞口稳固，洞口四周必须采取牢固的防护栏等防坠落安全措施。

7.0.6 屋面、楼面、平(阳)台上或脚手架上，不得聚集人员、集中堆放材料和建筑垃圾；楼面或脚手架上的材料和散落的建筑垃圾,应及时予以清理。

7.0.7 坡屋面拆除应符合下列规定:

1 拆除石棉瓦屋面、冷摊瓦屋面、轻质钢架屋面及坡度大于25°的屋面,应搭设走道板、设置安全绳;当高度超过 5 m 时,应设操作平台。操作人员应系好安全带,挂点牢固,不得直接在屋面上行走。

2 屋架应逐榀拆除,对未拆屋架应保留桁条、水平支撑、剪刀撑,确保其稳定性;有安全隐患时,应采取加固措施。

3 拆除屋架宜在屋架顶端两侧设置缆风绳,防止屋架意外倾覆。

4 当屋架跨度大于 9 m 时,应采用起重设备起吊拆除。

7.0.8 楼板、平屋面拆除应符合下列规定:

1 现浇钢筋混凝土楼板应采用粉碎性拆除,保留钢筋网至钢筋混凝土梁拆除前切割。

2 预制楼板应采用粉碎性拆除;拆除施工前,作业人员应系好安全带,并挂扣在安全绳上,安全绳应固定在稳定牢固的位置;施工作业时,作业人员应站立在木跳板上,跳板两端应搁置在墙体或梁上。

7.0.9 拆除次梁时,应在梁的两端凿缝,先割断一端钢筋,用起重设备缓慢放至下层楼面后,再割断另一端的钢筋,用起重设备缓慢放至下层楼面破碎;当次梁过大、过重,用起重设备不能安全吊放时,应按照主梁的拆除方法拆除。

7.0.10 主梁应采用粉碎性拆除;主梁的下部必须设置相应的支撑,从梁的中部向两端进行粉碎性拆除。

7.0.11 **墙体必须自上而下拆除,严禁采用开墙槽、砍凿墙脚人力推倒或拉倒墙体的方法拆除墙体。**

7.0.12 拆除立柱应符合下列规定:

1 立柱倒塌方向应选择在楼板下有梁或墙的位置,边、角柱应控制向内倒塌。

2 沿立柱根部切断部位凿出钢筋,用手动倒链或用长度和强度足够的绳索定向牵引,切断倾倒方向以外的钢筋,然后将立柱向倒塌方向牵引拉倒。

3 立柱倒塌撞击点应采取缓冲减震措施。

7.0.13 钢筋混凝土建筑物、构筑物在特定噪声或扬尘控制区域宜采用静力切割方法拆除;使用金刚石链锯、碟锯、水钻等切割工具,其作业应符合下列规定:

1 切割放线作业前应验算被切割构件的重量和体积,使其满足起重机的起吊能力和相关技术要求。

2 切割前先在被切割构件底部搭设临时支撑结构,支撑应具有足够的支承力以保证被切割构件割断后的稳定。

3 后张法预应力构件,宜先释放预应力,再进行拆除作业,释放预应力筋应确保作业人员安全,同时考虑释放对结构稳定性的影响。

4 钢筋混凝土立柱和楼板切割前应先在被切割构件上钻起吊孔,用起吊设备起吊,立柱的吊点应布置在重心以上部位。

5 根据附属设施、非承重结构、次承重结构和主承重结构的先后顺序,应按照放线的位置分块切割,并逐一吊至指定地点。

7.0.14 高层建筑物切割拆除应符合下列规定:

1 起重机械的技术性能应满足建筑物切割构件的起吊能力;升降梯、临电、临水应满足切割需要,宜搭设封圈型钢管脚手架。

2 人工配合拆除建筑物装饰、管线、二结构等,拆除的建筑垃圾需设置垂直运输通道,宜优先使用电梯井道。

3 自上而下切割拆除屋顶附属结构、设备层、屋面等。

4 标准层切割前,应根据吊装荷载计算切割构件尺寸并放线,对切割的梁、板等搭设临时支撑,由内至外进行楼板、次梁、主梁、墙板、立柱的切割拆除,结构边跨最后拆除;立柱切割应自上而下分段进行;构件切割及吊装应对称平衡,并应保证未拆除结构的稳定。

    5 吊装区域应设置围挡及警戒措施,无关人员不得进入吊装区域;吊装的构件质量应控制在起重机械起重量的 80%内。

8 爆破拆除

8.0.1 爆破拆除适用于混合结构、框架结构、钢结构等建筑物；基础、地下及水下构筑物；高耸建筑物、构筑物。

8.0.2 爆破作业人员应参加培训考核，取得相应级别和作业范围的爆破作业人员许可证后方可持证上岗。

8.0.3 爆破拆除应编制爆破技术设计文件，根据拆除爆破工程分级标准（附录 A）确定爆破工程分级，实施分级管理，并应符合下列规定：

    1 技术设计应包括下列内容：

        1) 工程概况；

        2) 爆破技术方案；

        3) 起爆网路设计及起爆网路图；

        4) 安全设计及防护、警戒图；

        5) 应对复杂环境的方法、措施及应急预案。

    2 施工组织设计应包括下列内容：

        1) 施工组织机构及职责；

        2) 施工准备工作及施工平面布置图；

        3) 爆破器材的管理、使用安全保障；

        4) 施工人、材、机的安全及安全、进度、质量保证措施；

        5) 文明施工、环境保护、预防事故的措施。

8.0.4 爆破倒塌方式的选择应符合下列规定：

    1 定向倒塌方式，其倒塌方向的散落物应控制在建筑物高度的 1.2 倍范围内。

    2 折叠式倒塌方式，其前方散落物应控制在建筑物高度的 1 倍范围内。

3 逐跨塌落倒塌方式,其前后的散落物应控制在建筑物高度的 0.5 倍范围内。

4 原地倒塌方式,四周散落物应控制在建筑物底层高度的范围内。

8.0.5 爆破参数选择应符合下列规定:

1 孔网参数应符合下列规定:

   1)根据待爆体类型确定最小抵抗线;

   2)孔距宜在最小抵抗线的 1.8 倍~2.5 倍范围内;

   3)排距宜取最小抵抗线的 0.7 倍~0.9 倍范围内;

   4)孔底若在四面临空构件的底部,保留部分宜为最小抵抗线的 0.9 倍,四面不临空构件的孔深可达底部主钢筋处。

2 炸药单耗的选择应根据所选炸药的种类、待爆体的材质、配筋强度、自由面数目以及周围介质等情况确定。

3 起爆网路宜选用电子数码雷管和导爆管起爆网路,明确连接方式及传爆方向。

8.0.6 爆破前施工准备工作应符合下列规定:

1 爆破工程施工时应成立爆破指挥部,全面指挥和统筹安排爆破各项工作;指挥部和下属各职能组应分工明确,职责清楚,各尽其职。

2 对配合爆破工程的机械拆除、人工拆除应符合本标准的相关要求;爆破预拆除设计应征求结构工程师意见并保证建筑物、构筑物的整体稳定,预拆除作业应在技术人员指导下进行,并应在装药前完成。

3 装药前应对炮孔进行测量验收,验收应有设计人员参加。

4 爆破前三天应发布施工公告,爆破前一天发布爆破公告。

5 拆除爆破宜进行试爆破,以了解结构及材质,核定爆破设计参数。

8.0.7 爆破安全性评估应符合下列规定：

1 凡需报公安机关审批的爆破工程，按照现行行业标准《爆破作业项目管理要求》GA 991 的规定，应由有相应资质的爆破作业单位进行安全评估。

2 爆破安全评估的内容应包括：

1）爆破作业单位、主要设计和施工人员的资质是否符合规定；

2）爆破作业项目的等级是否符合规定；

3）设计所依据的资料是否完整；

4）设计方法、设计参数是否合理；

5）起爆网络是否可靠；

6）设计选择方案是否可行；

7）存在的有害效应可能影响的范围是否全面；

8）保证工程环境安全的措施是否可行；

9）制定的应急预案是否适当。

3 校核爆破地震应符合本标准附录 B 的有关规定，采取控制措施应符合本标准附录 C 关于爆破振动安全允许标准的规定。

8.0.8 爆破安全监理及监测应符合下列规定：

1 实施爆破作业监理，根据现行行业标准《爆破作业项目管理要求》GA 991 的规定，应由具有相应资质的爆破作业单位进行安全监理。

2 爆破安全监理的主要内容：

1）爆破作业单位是否按照设计方案施工；

2）爆破有害效应是否控制在设计范围内；

3）审验爆破从业人员的资格，制止无资格人员从事爆破作业；

4）监督民用爆炸物品的领取、清退制度落实情况；

5）监督爆破作业单位遵守国家有关标准和规范的落实情况，发现违章指挥和违章作业，有权停止其爆破作业，并向委托单位和公安机关报告。

3 重点区域以及可能引起纠纷的爆破作业,应进行爆破效应监测及重点保护目标安全监测。

8.0.9 爆破实施必须符合下列规定:

1 爆破前必须在警戒区域设置严密的警戒线,警戒人员必须佩戴值勤标志,配备专用无线通信器材,并封锁一切可接近爆区的道路以及出入口,避免行人、车辆误入。

2 施爆过程中必须实行预备警报、起爆警报和解除警戒警报。

3 施爆后必须及时检查,排除可能存在的盲炮,保证后续施工的安全。

8.0.10 框架和砖混结构的爆破拆除应符合下列规定:

1 倒塌方式根据环境条件按本标准第 8.0.4 条进行选择。

2 布孔爆破切口形状应根据不同的倒塌方式选择:

1)定向倒塌应采用三角形切口,原则上使立柱前后排形成一定高度差,并充分利用建筑物的自重使其失稳、坍塌;

2)折叠倒塌宜采用两个同向或异向的三角形切口,范围同上;

3)逐跨坍塌宜采用纵向波浪式布孔或平行式布孔,利用时间差逐跨塌落;

4)原地塌落宜采用每层各柱、墙均匀布孔,同一水平高度上的炮孔同段起爆,使建筑物塌落时垂直下降。

3 爆破前对楼梯间、剪力墙、电梯井的处理应确保其在建筑物倒塌过程中不影响建筑物设计的倒塌方向。

4 对于装配式建筑物,应采取牵拉钢丝绳、提高后排立柱爆高等方法确保后排立柱向前倾倒。

5 在建筑物倒塌时有可能滚动或前冲的高位构件或附着设备,应在爆破前拆除或在爆破时采取相应的安全措施。

8.0.11 筒仓设施的爆破拆除应符合下列规定:

1 薄壁筒仓宜采用水压爆破拆除。

2 爆破前应对筒仓的卸料口、门洞口等影响蓄水的部位或缺口封堵严实,确保水压爆破的顺利实施;清除待爆体四周埋土,挖出临空面。

3 水压爆破应避免泄水对周围环境造成危害。

8.0.12 烟囱、水塔爆破拆除应符合下列规定:

1 布孔参数应按本标准第 8.0.5 条第 1 款进行选择。

2 应在烟囱根部,倾倒方向一侧爆破出一个切口,切口可采用三角形、梯形、矩形等多种形式,切口最大长度应为该处周长的 0.6 倍~0.7 倍。

3 钢筋混凝土烟囱宜将切口背面中心部位的纵向钢筋切断,中心应对称。

4 砖砌烟囱切口背面不应作特殊处理。

5 切口两端应开设定向窗。

6 不在烟囱切口部位但处于切口同一水平的烟道、孔洞等应使用砖块砌牢,防止承重部位因受力不均偏离倒塌方向。

7 烟囱在倒塌范围不足的情况下,可作单向折叠或双向折叠爆破,施工类同框架折叠爆破。

8 应考虑残体滚动、筒体塌落触地的飞溅和前冲,并采用沟槽、缓冲堤等减振措施。

8.0.13 水下爆破拆除应符合下列规定:

1 进行水下爆破工程前,应取得公安、海事等部门许可,并应由海事部门发布航行通告。

2 爆破工作船及其辅助船舶,应按规定悬挂信号、灯号。

3 进行水下爆破前,除一般准备工作外,还应做好下列各项工作:

1)救生设备准备;

2)符合港监对水上作业船的要求;

3)爆破器材的水上运输和储存;

4)危险区的船舶、设备、管线及临水建筑物的安全防护;

5）水域危险边界设置警告标志、禁航信号、警戒船舶和岗哨等;

　　6）检查水域中遗留的爆炸物和水中带电情况。

　　4　水下爆破应使用抗水或经防水处理的爆破器材;用于深水区的爆破器材,还应具有足够的抗压性能,或采取有效的抗压措施。

　　5　爆破作业船上的人员,作业时应穿好救生衣,不能穿救生衣作业时,应备有相应数量的救生设备;非工作人员不得登上爆破作业船。

　　6　潜水爆破的炸药包,应由经过爆破培训的潜水员安放。

　　7　潜水爆破应在潜水员离开水面,并将作业船移至安全地点后,才准起爆。

　　8　水下截桩爆破应遵守一次一炮。

　　9　应控制一次起爆药量,使水中冲击波、涌浪及爆破震动等控制在允许范围内。

8.0.14　盲炮处理必须符合下列规定:

　　1　拆除爆破实施后,由爆破作业人员进行检查,发现盲炮后应划定警戒区域,并及时处理。

　　2　盲炮处理必须指派有经验的爆破员实施。

　　3　盲炮处理后,将残余的爆破器材收集并及时销毁。

　　4　爆破作业人员必须跟踪爆破体的二次破碎及渣土清理作业的全过程,及时处理可能出现的盲炮及残留的爆破器材。

8.0.15　城镇拆除爆破工程中,在确保爆破作业安全的条件下应采取下列减少粉尘污染的措施:

　　1　预拆除部分非承重墙,清理致尘构件与积尘。

　　2　建筑物内部应采取洒水、喷淋等预湿润措施。

　　3　各层楼板宜设置水袋。

　　4　爆后采取喷水降尘措施。

8.0.16 爆破拆除噪声控制应符合下列规定：

1 城镇爆破噪声应控制在 120 dB 以下。

2 城镇拆除爆破应采取以下操作减轻噪声污染：

1）不宜使用导爆索引爆网路，不得裸露爆破；

2）严格控制单位耗药量、单孔药量和一次起爆药量；

3）实施毫秒延时爆破；

4）保证填塞质量和长度；

5）加强覆盖。

3 当爆破工地周围有学校、医院、居民点时，应与各有关单位协商，实施定点、准时爆破。

9 保护性拆解

9.0.1 保护性拆解适用于城市更新中未到使用年限的建筑、有保留保护需求的建筑及其他对拆除后建筑构配件有低损伤需求的拆除工程。

9.0.2 保护价值或保护要求较高的建筑拆解前,应记录并留存重点保护区域的信息。

9.0.3 保护性拆解前应对各区域代表性构件开展损伤检测、价值与性能评估,确定资源化分类处置方式,形成建筑构配件、单元、材料等的预分解清单,确定拆除分区和归并类型。

9.0.4 施工单位应编制保护性拆解专项方案。保护性拆解施工前宜规划多种可行的施工顺序,采用力学分析校核各施工顺序所对应结构危险状况的安全性,并估算各施工顺序对应的工时与成本,优选安全性优、工时少、成本低的施工顺序,对危险受力构件宜设置支撑体系进行局部损伤控制。

9.0.5 保护性拆解应先采用对结构损伤较小的施工方法拆解再利用构件,后拆解非再利用构件。对于再利用构件占比低的待拆建筑,在再利用构件优先拆解后,可对剩余部位采用机械、人工或爆破等毁坏性方法拆除。对于再利用构件占比高的待拆建筑,宜按建造施工的逆顺序自上而下、逐层、逐构件拆解。

9.0.6 对于可拆装设计的连接节点,应采用设计拟定的工艺进行保护性拆解。

9.0.7 砖木结构的保护性拆解应符合下列规定:

   1 应先拆除附属设施,依照自内而外、自上而下的顺序逐层、逐跨拆解。

   2 构件吊运宜采用绑扎或托架固定构件,避免额外钻孔。

3 应预先确定构件原有连接方式,先拆除榫卯钉,再拆除螺栓或其他连接件。

9.0.8 砖混结构的保护性拆解应符合下列规定:

1 应自上而下、逐层进行,当需优先拆解特定构件时,应符合建(构)筑物托换技术的相关规定。

2 墙体的拆解应按拆除上方圈梁、拆解旧砖、拆除构造柱的顺序进行,在拆除承重墙前,应先拆除其上方支承的各类构件。预制板的拆解应采用板端凿缝、钢筋切割的方法解除现场装配节点。

9.0.9 混凝土结构的保护性拆解应符合下列规定:

1 混凝土结构的保护性拆解应按照"先撑后拆,分块、分段分离"的原则,施工顺序为板、次梁、主梁、框架柱、剪力墙,按照先易后难、先上后下的原则,分类拆解。

2 现浇混凝土结构宜采用静力切割方法解除节点连接,预制装配混凝土结构宜通过解除现场连接节点的方式实现拆解。

3 拆解过程的必要补强与支护应先于拆解施工进行。

9.0.10 钢结构的保护性拆解应符合下列规定:

1 螺栓连接的解除应采用螺栓退丝方法,对于整体成型或焊接连接的钢结构件,应设置临时支撑用于切割分段。

2 高层钢结构建筑的保护性拆解,应考虑长时间单边日照温度造成钢结构件内力偏差产生的结构侧向变形影响。

9.0.11 既有结构拆解与新结构建设的同步作业应符合下列要求:

1 施工顺序设计宜采用三维建模分析,避免既有结构、新建结构及施工临时支护体系的空间位置冲突,重点保护部位的空间优先级最高。

2 应预先拆解既有结构的非保留、非承重构件,既有结构的承重构件应自上而下拆解,新结构应自下而上建造,宜采用水平构件或非承重构件预先开孔或预留孔洞的方式避免空间冲突,在承重构件的局部削弱处应增设临时支撑。

    3   新结构建设的脚手架或模架利用既有结构的支承作用时,应校核既有结构的剩余承载力,新结构作为既有结构拆解的施工作业面时,应保证各部位混凝土龄期达到正常使用要求。

9.0.12 对保护性拆解后建筑构配件应统一分类、逐个编号,依据材料、尺寸状况分类运输。宜集中运输需修复构件,砖宜装箱后运输,旧构件储存场所宜保持阴凉干燥。

10 文明施工

10.0.1 施工中应采取控制扬尘和降低噪声措施,达到一定规模的拆除工程,应安装噪声、扬尘监控设备。

10.0.2 应对被拆除或者被爆破的建筑物、构筑物采取洒水或者喷淋措施;人工拆除建筑物、构筑物时,在确保房屋结构稳固及作业人员安全的前提下,提前采取洒水降尘作业。

10.0.3 有关部门发布空气重污染预警相关信息时,施工现场应停止一切户外拆除、清运作业。

10.0.4 施工现场宜采取节水措施,设置废水回收、循环再利用设施,对雨水进行收集利用。

10.0.5 拆除工程的各类材料、垃圾应原地或送至指定地点进行分类,旧材料宜再回收利用,建筑垃圾应及时清运出场,48 h 内不能及时清运的,应采取洒水及覆盖措施。

10.0.6 拆除工程施工时,应保证施工现场排水畅通,并满足下列要求:

  1 施工企业应保护原排水系统,避免场地积水。

  2 当施工损坏原排水系统时,应设置满足排水需要的标准水井或简易集水井。

  3 重点区域内的拆除工程,施工单位应在作业区域的低洼处开挖集水井,配置能满足排水量需要的排水泵。

10.0.7 采用切割拆除作业的,不得直接将废水排至雨污水管道。应对建筑物各楼层洞口、临边进行封堵,底层设置满足工程需要的三级沉淀池,沉淀池应设置防止人员跌落的安全措施。

10.0.8 施工现场应设置车辆冲洗设施,工程车辆驶出施工现场前应将车轮、车身等部位冲洗干净。

10.0.9 施工现场应设专职或兼职保洁人员,负责卫生清扫和保洁。

10.0.10 拆除工程完成或单体部分完成后,应将现场清理干净,裸露的场地应采取洒水、覆盖或临时绿化等降尘措施。

10.0.11 施工现场应设置施工铭牌及"五牌一图",即:安全生产规定牌、消防保卫规定牌、文明施工规定牌、工程概况牌、工地岗位责任制牌和施工现场平面布置图。

10.0.12 拆除工程的施工除应符合本章规定外,尚应符合现行上海市工程建设规范《文明施工标准》DG/TJ 08—2102 的相关规定。

11 资源化利用

11.0.1 施工现场建筑固体废弃物的处置应遵循减量化原则,并符合下列规定:

1 在建筑拆除施工现场完成拆除后构件的性能评估,应依据评估结果分为整体再利用和原料化后再生利用两条处置路径。

2 施工现场应设置建筑废弃物临时堆场,合理规划施工流水,拆除作业与拆除后构配件的性能检测同时进行,保持充足的现场废弃物储存空间。

3 整体再利用构件的堆放存储、性能修复与节点改造等工作,以及整体拆除构件的破碎解体与原料化处理均宜在工厂进行。

11.0.2 对需再利用的旧构件开展剩余性能评估,应符合下列规定:

1 对混凝土构件应重点检测材料剩余强度、裂缝宽度、混凝土碳化状况、侵蚀性离子含量和钢筋锈蚀状况。

2 对钢构件应重点检测锈蚀状况与残余应变,对木构件重点检测最大腐蚀深度,并依据现有维护技术评估构件修复或加固成本。

11.0.3 建筑废弃物的再生利用应符合下列规定:

1 废混凝土的再生利用宜采用"先筛再分后破"工艺生产再生骨料,废混凝土可采用现场分类回收或场外分类回收,再生骨料应由专门的加工单位生产,废混凝土破碎工艺包括一次破碎加工和二次破碎加工,废混凝土中木屑、泥土、泥块应采用水洗或风选去除。

2 再生骨料可用于混凝土结构工程与混凝土制品制造,再生骨料的等级划分应按照现行上海市地方标准《再生骨料混凝土技术要求》DB31/T 1128 执行。再生骨料混凝土的制备以及再生骨料混凝土结构与制品的设计、施工、验收等应符合现行上海市工程建设规范《再生骨料混凝土应用技术标准》DG/TJ 08—2018 的相关规定。

3 废砖瓦再生利用前应预先设定后续的工程应用路径,依据再生制品的质量要求选用再生加工方式,具体按照现行国家标准《工程施工废弃物再生利用技术规范》GB/T 50743 的规定执行。

4 废钢构件的再生利用宜用于钢铁冶炼,再生加工的生产管理应按照本市相关规定执行。

5 废木构件的再生利用应依据木材纤维长度情况优先生产经济价值较高的再生制品,碎木、锯末和木屑宜作为燃料、堆肥原料和侵蚀防护工程的覆盖物。

附录 A 拆除爆破及城市浅眼控制爆破工程分级

表 A 爆破工程分级

作业范围	分级计量标准	单位	级别			
			A	B	C	D
拆除爆破	高度 H①	m	$H{\geqslant}50$	$30{\leqslant}H<50$	$20{\leqslant}H<30$	$H<20$
	一次爆破总药量 Q②	t	$Q{\geqslant}0.5$	$0.2{\leqslant}Q<0.5$	$0.05{\leqslant}Q<0.2$	$Q<0.05$
① 表中高度对应的级别指楼房、厂房的拆除爆破;烟囱拆除爆破相应级别对应的高度应增大至 2 倍;水塔及冷却塔拆除爆破相应级别对应的高度应增大至 1.5 倍。 ② 拆除爆破按一次爆破总药量进行分级的工程类别包括桥梁、支撑、基础、地坪、单体结构等;城镇浅孔爆破也按此标准分级						

注:B、C、D 级拆除爆破工程,遇下列情况应相应提高一个管理级别:

1. 距爆破拆除物 5 m 范围内有相邻建筑物、构筑物或需重点保护的地表、地下管线时。
2. 爆破拆除物倒塌方向安全长度不够,需用折叠爆破时。
3. 爆破拆除物处于闹市区、风景名胜区时。

附录 B　爆破地震安全允许距离的计算公式

$$R = \sqrt[\alpha]{\frac{K}{v}} \cdot \sqrt[s]{Q}$$

式中:R——爆破地震安全允许距离(m);

Q——一次最大齐爆药量(kg);

v——保护对象所在地的质点振动安全允许速度(cm/s);

K,α——与爆破点至保护对象间地面条件有关的系数和衰减
指数,应按表 B 取值。

表 B　爆区不同岩性的 K,α 值

岩　性	K	α
坚硬岩性	50～150	1.3～1.5
中硬岩性	150～250	1.5～1.8
软岩性	250～350	1.8～2.0

附录 C 爆破振动安全允许标准

表 C 爆破振动安全允许标准

序号	保护对象类别	安全允许质点振动速度 v(cm/s)		
		$f \leqslant 10$ Hz	10 Hz$< f \leqslant 50$ Hz	$f > 50$ Hz
1	土窑洞、土坯房、毛石房屋	0.15～0.45	0.45～0.9	0.9～1.5
2	一般民用建筑物	1.5～2.0	2.0～2.5	2.5～3.0
3	工业和商业建筑物	2.5～3.5	3.5～4.5	4.5～5.0
4	一般古建筑与古迹	0.1～0.2	0.2～0.3	0.3～0.5
5	运行中的水电站及发电厂中心控制室设备	0.5～0.6	0.6～0.7	0.7～0.9
6	水工隧洞	7～8	8～10	10～15
7	交通隧道	10～12	12～15	15～20
8	新浇大体积混凝土(C20)： 龄期：初凝～3 d 龄期：3 d～7 d 龄期：7 d～28 d	1.5～2.0 3.0～4.0 7.0～8.0	2.0～2.5 4.0～5.0 8.0～10.0	2.5～3.0 5.0～7.0 10.0～12

注：1. 表中质点振动速度为三分量中的最大值；振动频率为主振频率。
　　2. 爆破振动监测应同时测定质点振动相互垂直的三个分量。

本标准用词说明

1　为便于在执行本标准条文时区别对待,对要求严格程度不同的用词说明如下:

  1)　表示很严格,非这样做不可的用词:

　　　正面词采用"必须";

　　　反面词采用"严禁"。

  2)　表示严格,在正常情况下均应这样做的用词:

　　　正面词采用"应";

　　　反面词采用"不应"或"不得"。

  3)　表示允许稍有选择,在条件许可时首先应这样做的用词:

　　　正面词采用"宜";

　　　反面词采用"不宜"。

  4)　表示有选择,在一定条件下可以这样做的用词,采用"可"。

2　条文中指明应按其他有关标准执行时的写法为"应符合……的规定(或要求)"或"应按……执行"。

引用标准名录

1 《爆破安全规程》GB 6722
2 《工程施工废弃物再生利用技术规范》GB/T 50743
3 《爆破作业项目管理要求》GA 991
4 《建筑机械使用安全技术规程》JGJ 33
5 《施工现场临时用电安全技术规范》JGJ 46
6 《建筑施工高处作业安全技术规范》JGJ 80
7 《建筑施工扣件式钢管脚手架安全技术规范》JGJ 130
8 《建筑施工竹脚手架安全技术规范》JGJ 254
9 《废弃木材循环利用规范》LY/T 1822
10 《悬挑式脚手架安全技术标准》DG/TJ 08—2002
11 《再生骨料混凝土应用技术标准》DG/TJ 08—2018
12 《文明施工标准》DG/TJ 08—2102
13 《再生骨料混凝土技术要求》DB31/T 1128

上海市工程建设规范

建筑物、构筑物拆除技术标准

DGJ 08—70—2021
J 12367—2021

条 文 说 明

2021 上海

目　次

Contents

1 总 则

1.0.1 本条文阐明本标准制定的目的,为本市建筑物、构筑物拆除工程的实施提供依据。

1.0.2 本标准适用于建筑物、构筑物整体或局部的破坏性拆除。

3 基本规定

3.0.1 根据国家和本市的规定,在本市从事建筑物、构筑物拆除施工的企业必须取得相应的资质证书,并在界定的施工范围内承接工程,严禁越级承包工程和转包工程;拆除施工企业主要负责人、企业项目负责人、企业专职安全管理员、拆除工、机械操作工等必须经过相应岗位以及拆除相关专业的培训、考核,合格后方可持证上岗。

3.0.3 本标准积极贯彻国家节约能源和环境保护的战略方针,倡导低噪声、低能耗、低污染的安全绿色拆除技术,垃圾分类是绿色拆除的基础。

3.0.4 拆除施工企业应根据本标准的大原则,制定具体而详细的技术管理规定和操作规程。

3.0.5 拆除施工是高危作业,拆除施工企业必须制定应急救援预案,建立应急救援组织,配备应急救援器材。一旦出现险情,能迅速作出反应、排除险情,将损失降低到最低程度。

3.0.6 本条对建设单位和拆除施工企业编制施工组织设计前应做好的准备工作,以及对施工中贯彻施工组织设计的要求作了明确的规定。

3.0.7 为保证拆除过程中不发生保留部分结构破坏,原则上应先加固后拆除,并与保留结构先行断开。

3.0.8 拆除作业经常涉及大量易燃物品,特别是涉及旧区改造的拆除工程,道路狭窄,应设置消防通道;上、下通道主要应用于人工拆除作业。

3.0.10 技术交底作为拆除工程施工前的重要工作,应按照要求实施。

3.0.11 根据现行上海市工程建设规范《文明施工标准》DG/TJ 08—2102 的规定,对施工围挡提出了要求。

3.0.13 当机械、爆破拆除施工可能导致毗邻建筑物、构筑物、管线损坏情况下,拆除施工企业应事先检查建筑物、构筑物和管线情况,踏勘和取证,并采取相应的保护措施,进行全过程观察和监护。本条文中增加了拆除施工中遇到特殊情况或发生管线损坏时,应及时报告有关部门,并配合做好抢修工作。

3.0.15 根据本市拆除施工的相关规定,考虑木结构、砖木结构、砖混结构的稳定和周边施工环境安全要求,对此类结构居民住宅应采取整幢整排拆除。

3.0.17 根据拆除工程的实际情况,当风力达到 5 级以上或遇大雾、雨雪等恶劣天气时,室外施工作业存在较大的安全事故隐患,且文明施工措施较难落实。

4 施工组织设计

4.0.1～4.0.3 条文规定拆除施工前,必须编制施工组织设计,并对施工组织设计编制的程序、应具备的资料、内容提出了具体要求;针对拆除工程涉及的保留、保护建筑情况,强调了拆除范围内和周边保留、保护历史建筑的保护内容;明确拆除垃圾分类处置、季节性施工保障等措施;对施工组织设计编制人员,要求由项目负责人组织有关人员进行编制。

拆除施工由于环境复杂、危险程度高,稍有疏忽,就可能造成不可挽回的重大经济损失、发生重大伤亡事故。因此,在组织施工前应认真编制施工组织设计书,全面统筹拆除施工的全过程,才能贯彻安全、合理、经济、工期短、扰民少和对环境影响小的原则。

5 技术论证

5.0.1 拆除工程属于技术性较强、危险程度高、环境影响大并涉及公共安全的工程。根据国家和本市的有关规定,对凡属本条款范围内的拆除工程,必须组织技术论证,确保拆除施工安全。明确烟囱、水塔的拆除工程应通过专家技术论证;选用保护性拆解方法时,需通过生命周期成本分析和生命周期评价明确主要建筑构配件再利用的可行性、经济性与环境效益。

5.0.2～5.0.4 技术论证小组应由建筑结构、机械拆除施工、爆破拆除、安全管理等相关专业技术的资深专家组成;技术论证小组一般不少于5人,涉及保护建筑、重要管线以及其他特殊要求的,应同时邀请有关主管部门的技术负责人参加。明确技术论证前,施工组织设计文件需经企业技术负责人审定的要求。

技术论证小组重点论证施工方法、安全技术、环境保护措施,并形成书面论证意见或会议纪要。

5.0.5 明确了专家论证结论的要求,作为施工管理全过程的指导文件和工作技术依据。

6 机械拆除

6.0.4 当建筑物的高度大于拆除机械有效作业高度时,则无法根据机械拆除自上而下的基本原则进行拆除作业,因而产生野蛮施工行为,极易造成安全生产事故。

6.0.5 机械拆除作业中要特别注意周边的架空线,并保持现行行业标准《建筑机械使用安全技术规程》JGJ 33 规定的安全距离,以防碰、拉电线以及感应造成触电或断电事故。

6.0.7 本条强调机械操作人员在操作机械时应遵守机械操作人员手册的各项要求和现行行业标准《建筑机械使用安全技术规程》JGJ 33 的相关规定,禁止横向作业,防止机械倾覆。

6.0.9 机械拆除过程中对地下管线的破坏会影响城市的正常运营,因此根据现行上海市工程建设规范《文明施工标准》DG/TJ 08—2102 中第 16.0.3 条的规定,强调了对地下管线的保护。

6.0.12 机械拆除作业必须在指挥人员用对讲机或指挥信号的指挥下进行作业,机械作业时人员不得进入作业区域,以避免被机械误伤。

6.0.14 部分拆除工程由于条件限制,在机械拆除的前提下,局部需要人工进行配合。为保证人员安全,防止机械伤害的发生,应严格控制人、机作业点的距离和位置,并根据本标准第 6 章的要求组织人工拆除施工。

6.0.15 机械拆除作业时,不得先拆除下部或中部柱、梁、墙等承重构件,使建筑物、构筑物数层整体坍塌,拆至边跨时控制拆除结构方向防止结构失稳。

6.0.17 针对砖混结构的特殊性,应预拆除屋顶和外墙的附属构件和悬挂物,再自上而下、逐层、逐跨按顺序阶梯式拆除。

6.0.19 根据液压剪设备的特点,对使用该机拆除框架或框剪结构的墙体、楼板、主次梁时,允许实施自下而上逐跨进行拆除非承重构件的顺序,但钢筋混凝土立柱及承重墙、梁等承重构件仍需自上而下拆除。机械拆除框架结构立面示意见图1。

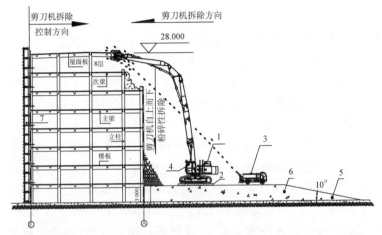

1—ZX-450型液压剪刀机;2—路基箱;3—高压喷淋降尘车;4—行车记录仪;
5—上下坡度10°;6—提高机械拆除高度渣土铺设作业平台;
7—防尘防护扣件式落地施工钢管脚手架

图1 ZX450-型液压剪刀机作业立面示意图

6.0.20 由于钢结构拆除特殊性,为了确保钢结构拆除安全稳定,钢结构柱间支撑一跨最后拆除。

6.0.21 将机械吊至屋面进行拆除,对机械行走、建筑垃圾垂直运输、施工人员高空作业及脚手架防护等均提出了要求,应编写有针对性的施工方案;其中楼板的承载力应经有资质的结构工程师进行计算,对原有结构应进行勘察,必要时还须进行局部破坏性踏勘,并应提出对既有结构进行加固的必要措施。

6.0.22 在拆除作业中使用起重机,应遵守现行行业标准《建筑机械使用安全技术规程》JGJ 33中的相关规定。

7 人工拆除

7.0.1 规定了人工拆除的适用情况。

7.0.2 本条为强制性条文,必须严格执行。相较于爆破、机械拆除,人工拆除危险性更大,而坍塌、物体打击、高空坠落是人工拆除过程中最主要的危险源和高发事故,为保障作业人员安全,人工拆除必须结合建筑物、构筑物受力特点,自上而下进行拆除,以避免此类安全生产事故的发生。

垂直交叉作业时,上部构件易坍塌、失落、高空抛物等极易造成下方人员伤亡,因此本条规定严禁此行为。

7.0.3 应符合现行行业标准《建筑施工高处作业安全技术规范》JGJ 80 的要求,将原规程 30°修订为 25°;本标准第 6.2.1 条规定,移动操作平台高度不大于 5 m,按照现行国家标准《高处作业分级》GB/T 3608 规定,高处作业分 2 m~5 m 为一级,综合考虑规定 5 m 以上登高作业要求。

7.0.4 应符合现行行业标准《施工高处作业安全技术规范》JGJ 80 的要求,将原规程"脚手板"统一修订为"操作平台",同时依据近年来施工中出现安全隐患,增加不上人屋面等规定。

7.0.5 楼板上设置垃圾井道洞口,应考虑到楼板开洞的位置和大小,洞口、临边必须采取围挡封闭措施。

7.0.7 人工拆除坡屋面安全隐患较大,对安全措施提出了具体要求。

7.0.8 由于拆除预制楼板容易发生事故,且回收的预制楼板具有安全隐患,应采用粉碎性拆除。

7.0.11 本条为强制性条文,必须严格执行。现实中,为降低成本、提高作业效率,违规采取开墙槽、砍凿墙脚、人力推倒或拉倒墙体的拆除方法,引起墙体无序倒塌或反弹,造成人员伤亡的严重事故。

本条对开墙槽、砍凿墙脚、拉倒等拆墙的错误方法明确列出,强化禁止效果,并规定采取自上而下拆除墙体方法,主要目的是防止坍塌事故。

7.0.12 人工拆除立柱示意图见图2。

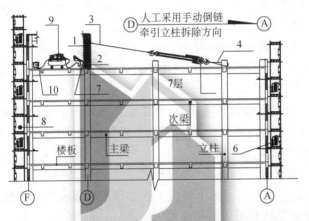

1—立柱;2—保留牵引方向钢筋;3—用足够强度钢丝绳与立柱手动倒链连接;
4—固定手动倒链钢丝绳;5—手动倒链;6—灭火器;
7—人工用风镐打出立柱根部两侧背面钢筋气割断两侧背面钢筋;
8—防尘防护扣件式落地施工钢管脚手架;9—空压机;10—移动电箱

图2 人工采用风镐与倒链拆除立柱作业立面示意图

7.0.13 静力切割具有噪声低、扬尘污染小的特点,是拆除工艺的发展方向;拆除时应按照切割设备的使用说明操作。

7.0.14 明确了高层建筑物切割拆除的具体要求。

8 爆破拆除

8.0.2、8.0.3 规定了爆破工程必须编制爆破技术设计文件,按照现行国家标准《爆破安全规程》GB 6722 相关规定,对爆破技术设计文件编制原则和内容提出了具体要求。

8.0.5 根据城市爆破环境电磁波、高压电及射频电等工业设施复杂的特点,建议拆除爆破选用电子数码雷管或导爆管雷管起爆网路,提高安全可靠性。

8.0.6 由于爆破设计要求,局部需要机械或人工进行预拆除,本条强调了在预拆除时,需征求结构工程师的意见并在设计人员指导下进行。

8.0.7 根据现行行业标准《爆破作业项目管理要求》GA 991 中第5.1.1条的规定,强调了爆破工程必须进行爆破安全评估,对爆破安全评估内容提出了具体要求。

8.0.8 根据现行行业标准《爆破作业项目管理要求》GA 991 中第5.1.4条的规定,实施爆破作业需具有相应资质的爆破作业单位进行安全监理,对安全监理内容进行了说明。

8.0.11 水压爆破后突然大量泄水可能引起局部洪涝,造成灾害,应采取引流、封堵等措施。

8.0.13 提出了水下爆破时水中冲击波、涌浪等水下爆破突出危害的预防要求。

8.0.14 本条为强制性条文,必须严格执行。盲炮又称拒爆,是最常见的爆破事故之一,处理盲炮比装药危险更大;出现盲炮造成建(构)筑物未倒塌或倒塌不完全的,应由爆破技术负责人、结构工程师根据未倒塌建(构)筑物的稳定情况及时改变警戒范围,提出处置方案,未处理前不应解除警戒;应派有经验的爆破员处理盲炮;盲炮处理后,应再仔细检查爆堆,将残余的爆破器材收集起来统一销毁;盲炮处理后应由处理者填写登记卡片或提交报告,说明产生盲炮的原因、处理的方法和效果及预防措施。

9 保护性拆解

9.0.1 保护性拆解应建立待拆除建筑构配件或材料的可循环利用模式,施工过程应采用低噪声、低能耗、低污染的安全技术。

9.0.2 对保护价值或保护要求较高的建筑,可采用绘制分解图纸、拍摄细部照片、全控制网测量、三维激光扫描、航拍等技术,重点保留原有建筑风貌、建造工艺等信息。

9.0.3 保护性拆解以提升资源化成果为导向,优选预分解清单。

9.0.4 保护性拆解根据施工顺序和方法的不同,存在对应于多种不同资源化成果的专项方案。保护性拆解的主要类别包括原位保留、异地重建、重点构件留存等。

9.0.5 建筑结构拆除常组合应用保护性拆解与毁坏性拆除。

9.0.6 可拆装节点设计通常提供了较便捷、低损伤的节点约束解除方式,依据设计拟定工艺拆解可提升施工工效,并保障拆解后节点的再利用潜能。部分可拆装节点设计的构造精度较高,应尽量保障拆解后构件节点的可拆装性能良好。

9.0.7 当需保留建筑中具有特定建筑特色的壁炉、五金件、门窗构件、石库门石材门框、屋面及楼地面铺装材料等建筑构配件时,应优先拆解需保留的构配件,并登记在册,妥善保管。当该类构件为受力构件时,应在拆解前预先进行临时支护。

9.0.8 特定构件的优先拆解应符合现行中国工程建设协会标准《建(构)筑物托换技术规程》CECS 295 的规定。

9.0.9 重点描述混凝土结构的保护性拆解原则和顺序。

9.0.10 重点描述钢结构的保护性拆解原则和顺序。螺栓群节点的解除应通过力学分析确定螺栓移除顺序,高强螺栓的移除宜先在螺纹上导入油脂润滑,用扭矩扳手按照原安装逆顺序拆卸。当螺栓退丝存在困难时,可通过加长套筒配合机械张紧器实施,或采用气割退丝方法。

9.0.11 既有结构拆解与新结构建设的同步作业常出现于城市更新中的"留改拆"项目,既有结构与新建结构在施工过程中互为施工面,施工设计中需关注非完整结构的安全性时变特点、永临结合的支护体系设计以及拆解与新建工程的支护体系共用方式。

9.0.12 对保留、保护的建筑构配件应采用保护性拆解施工方式,施工过程应轻拆轻放,拆解施工与吊运固定部位应远离重点保护风貌部位,以对构件造成额外损伤最小为拆解原则。

10 文明施工

10.0.1,10.0.2 根据本市和行业规定,建筑物、构筑物拆除施工必须采取控制扬尘和降低噪声措施,并根据《关于印发〈上海市拆房、拆违工地扬尘噪声在线监测系统安装推进工作方案〉的通知》确定安装噪声、扬尘监控设备的部位和数量。

10.0.3 根据《上海市空气重污染专项应急预案》(沪府办〔2014〕3号)的规定执行。

10.0.4 拆除工程湿水作业用水量大,为合理利用水资源,宜设置集水设施。

10.0.5 拆除工程的建筑垃圾应按本市和行业规定进行分拣,不能及时清运的,应采取洒水及覆盖措施,控制扬尘。

10.0.6 拆除工程施工时,应保证施工现场排水畅通。确需破坏原排水系统的,应制订详细的排水措施方案,确保能满足施工现场排水需要。

10.0.7 切割作业会产生大量的泥浆,不处理易造成污水四溢、管道堵塞,应设置沉淀池。

10.0.8 拆除工程应在大门口设置冲洗设施,将车轮、车身等部位冲洗干净,确认不会对外部环境产生污染后,方可让车辆出门。

10.0.9 卫生清扫和保洁包括定期喷洒药水、灭四害等。

10.0.10 场地应采取降尘措施,一般选用密目网覆盖,减少场地裸露时间和裸露面积。

10.0.11 本条对施工现场的施工铭牌及"五牌一图"布置提出要求。

11 资源化利用

11.0.1 本条规定了施工现场建筑固体废弃物的处置原则,尽量通过资源化的方式消纳拆除产生的建筑固体废弃物,且尽可能采用构件整体再利用方式,可提升建筑固体废弃物的资源化率,促进环境友好。为减少拆除现场作业量,规定了现场拆除、工厂处置的建筑固体废弃物资源化流程。

11.0.2 保护性拆解的结构构件在原结构服役期间在环境侵蚀、荷载作用下发生性能退化,在拆解施工过程中可能遭受额外损伤,因此构件是否适宜进入整体再利用过程还需通过再利用性能评估判定。

11.0.3 本条明确了各类建筑固体废弃物再生利用具体参考的规定。废钢构件可采用磁选方法去除非磁性杂质后,采用化学溶剂或表面活性剂清除钢构件表面的油污、铁锈、面漆等附着物,再用于电炉炼钢。废钢构件再生加工的生产管理应符合《上海市废旧金属收购管理规定》。废木构件可通过切割、破碎、磁选、筛分等工艺处理后,用于生产刨花板、硬质纤维板、中高密度纤维板和水泥木屑板等。废木构件的再生加工应符合现行行业标准《废弃木材循环利用规范》LY/T 1822 的相关规定。